The 300 Sudoku

Very Hard
Difficult
Challenging
Extreme
Expert Level
Puzzles
brain workout
large print

			1		6	4		2
		1	2			8	9	
		8			4			3
1						7	2	5
				1				
2	4	3						8
8			3			2		
	9	4			8	5		
7		2	6		1			

				2	1	9	3	6
	9		3				1	
			6	8	9			7
7		4					5	
				5				
	5					7		3
3			5	9	4			
	2				8		6	
4	7	8	2	3				

	1			9	5	7		
		3				9	6	
			1		4			
1		6		7				2
	2	7				8	3	
9				2		1		6
			7		1			
	9	1				4		
		5	9	3			1	

3	2		7	4		8		
			9	8				3
					3	2		
		3					7	4
4		5				6		1
6	7					3		
		7	4					
1				5	9			
		6		7	1		5	9

Puzzle 1

	3	2	7			8	4	
		5			3			7
	9			4				3
				7	1	5		8
5		9	4	8				
2				9			1	
7			8			2		
	5	3			4	7	8	

Puzzle 2

	5	8	3	1			6	
2	4							
7					2			
1	3	9			8	7		
			5	3	1			
		2	9			8	3	1
			4					2
							9	3
	2			6	9	4	8	

Puzzle 3

9	1					6		
			5		9		2	
		2	6	8		3		9
		1		6		4		
	2							3
		8		3		2		
2		4		9	8	7		
	6		2		4			
		7					4	2

Puzzle 4

		8		6				
3	5				7	8		
	2				3	6	7	
			4	3	1			
5	1						4	3
			2	7	5			
	8	5	7				3	
		9	3				1	6
				9		7		

		3	4	8	1		9	
			6			7		
5					3			8
2		4	5		8		3	
	7		3		4	9		1
1			8					4
		2			9			
	5		2	3	6	1		

8			7			3	1	5
	5		9		1		6	2
	7	4			8			
3		6				7		4
			4			6	2	
2	3		5		9		4	
4	6	1			2			9

		5	9		1		8	
	3		7	6		9		
1					4			
9		1	6	4				7
6				7	9	3		2
			4					8
		4		9	6		3	
	1		8		7	6		

5								
9			8	1	3		5	
	7				6		8	3
			6				1	
1		5	2		9	7		6
	9				5			
8	1		3				9	
	6		7	5	1			4
								1

Puzzle 1

1		7			9			5
5						3		
4	9	2	3					
	7			8	1	2		
2								1
		4	6	2			3	
					4	7	5	3
		1						2
7			9			8		4

Puzzle 2

2			7	6				
6		1			3			
4	9			2				
3	2					5	9	
1		5				3		7
	6	9					1	4
				1			5	2
			9			6		1
				4	2			3

Puzzle 3

		2		4	8			
	4			6			1	2
	6		1	7		8		
7	3					9		
	8						5	
		9					8	3
		4		3	7		9	
3	5		6				7	
			4	8		6		

Puzzle 4

		9	2			6		
5	1	8			4			
				3				5
	2	7			5			8
	8	5		1		9	4	
1			6			5	2	
4				9				
			5			4	3	9
		3			6	7		

					9		3	
			6	3		9	8	1
						7		
	9	4		1		3		8
2			3		4			9
7		1		5		2	6	
		6						
1	4	3		8	7			
	5		4					

		8		7			1	
		7	3		2		8	
			8	9	1			
2				6				5
		4	9		3	1		
6				8				4
			7	3	9			
	3		5		6	9		
	4			1		5		

		1	7			9		
					6	1		
5		2		4				8
	4		1	9		5		
9			6	8	7			4
		8		5	4		9	
2				6		8		3
		6	8					
		4			5	7		

						3		
4	1			6			5	
7		9	5				6	4
6				4			7	
9			2		7			3
	5			1				9
8	7				6	4		1
	9			2			3	8
		4						

Puzzle 1

	3	9			1		8	7
		8	4					1
	2			9				
		4			3	1	6	
1								3
	7	3	1			5		
				4			5	
8					2	7		
3	9		8			4	1	

Puzzle 2

		6		8				
	8			4	5	3		7
3					6	4		
	2			9	1			
1		5		3		7		9
				7	5		2	
	3	5						7
	7		3	6	8		9	
				2		8		

Puzzle 3

5		4			3			2
			2	6	4		8	
	6							4
6			3				9	7
	5						2	
7	1				2			8
1						3		
	4		9	3	7			
9			1			2		6

Puzzle 4

	3			1				
1	9	2		6	3	7		5
6	5					3		
	6					4		
			2	7	6			
		3					9	
		9					8	4
8			6	9	4	2	3	1
				8			7	

1	4				3			5
3	7					1		9
			1	9				
5		3	8					
	8		6	7	5		9	
					1	4		8
				1	6			
9		8					4	6
6			4				1	3

			8	9				
7		1		2				3
				3	7	4		
				4	1	2		9
1		4				5		6
9		2	6	5				
		3	7	6				
2				1		7		4
				8	9			

8							7	
		1	7	9	2			
			1		6	5		
1	9					2	4	
7			2		1			9
	8	2					3	1
		8	6		3			
			5	2	9	3		
	2							6

4				1				
	9		8					5
6			7	2		3		
	6	1				4		7
9		4				1		3
7		3				6	9	
		9		3	7			4
8					5		3	
				8				6

7		8			9		2	1
	5		1			8	9	
9				4			7	
				3	1	5		
		3	2	7				
	8			1				2
	7	9			8		1	
1	3		6			7		8

1				3		4	6	5
					9			2
	8		5	2				
5					4	2	7	
2				7				3
	6	7	2					4
				4	5		9	
9			7					
7	5	4		9				1

			2			3		9
				9		6		8
			3		4		2	7
	8		1					4
	7	4				8	1	
6					2		9	
1	5		9		7			
8		2		1				
4		7			8			

		8		9		7		
	4			8		3		5
9		5					8	
			7		8		6	9
			4		1			
4	3		2		9			
	8					9		7
7		2		4			3	
		3		7		1		

2				4	5		1	
						4		3
		4	6			8		5
		3	5	1		2		8
7		2		8	3	1		
4		1			9	3		
8		6						
	3		2	5				1

		2	4	8				
5		9		7	6			
	4				9			
6					4		3	
4		8	9		3	2		1
	1		7					4
			2				8	
			5	4		7		3
				3	8	1		

		2						1
			5					9
1		5	9		2	8		
	7			4		2		
8		1	6		7	4		3
		6		8			5	
		9	7		1	6		4
6					4			
3						9		

5	8			3	7			1
	6						4	
	9	4				8	5	
		5		6	4		1	
	1		7	8		5		
	4	6				2	8	
	5						3	
8			5	4			9	6

		3						
	5	6		7		8	9	
2								3
5	6			2	7	4		
		8	1		5	7		
		7	6	8			5	9
6								4
	7	2		4		5	8	
						9		

		1		3	4	8		
	9				8		4	5
8				9		7		
				2		9	1	
			9		1			
	2	9		8				
		8		1				2
6	1		8				5	
		3	7	5		6		

					5			7
	9		8	7				4
		7		1	2		3	
6		1			8	7		
	2						8	
		8	5			2		6
	8		7	5		3		
2				8	4		6	
4			1					

	4			7	9			1
			2	6			4	
					4			5
5	6	2			3			4
		8				9		
4			7			3	5	6
8			4					
	7			5	2			
1			3	8			6	

9	2		7	8				5
			9			7	4	8
	7				3			
					5	8		6
5				3				2
2		3	8					
			6				8	
7	1	2			8			
8				2	9		7	4

		7		6		4		
				9	3		5	8
3	9							
4	2				9		7	1
		5				3		
9	7		4				2	6
							1	5
6	4		5	7				
		9		8		7		

			5		2		6	
	4	6		9				3
	5		6	4			9	
	9		8			4		
4				2				7
		2			1		3	
	2			5	9		7	
5				8		3	4	
	8		3		4			

8		9				4	2	3
6					5	7		
			4					
	7	1		6			3	
9			5		7			4
	3			2		9	7	
					1			
		7	6					1
1	6	5				3		8

			8					7
		4		3		5		
2			5		6		8	
		5	9		1			3
	1	6				8	4	
7			4		3	1		
	7		3		8			5
		1		7		2		
6					2			

	6			7			4	
				8	9			
9			2	5				8
		8	3				9	5
3			4		5			7
5	2				8	4		
7				3	1			2
			9	2				
	9			4			1	

				3				5
8			6				3	
		6			1	4		
	1	7	4	8				6
	6		9		7		5	
9				2	6	1	7	
		4	7			5		
	9				8			2
7				9				

	5		2	3			8	6
	6		8		4		2	
						9		
		6			5		1	
5	8						6	2
	4		7			5		
		4						
	9		4		6		3	
8	1			9	2		4	

	3		5					9
				3		6		
5	7				9	3		
7		6		5		9	2	
2								8
	4	1		2		5		7
		4	1				9	6
		7		4				
8					6		4	

				4	9	1		8
	9			1	2	3		
		3		5		9	2	
						5	9	
		7				6		
	4	1						
	2	4		7		8		
		9	1	2			3	
6		8	9	3				

	2	5		9	4			7
	4				1	9		
6			7				2	
		4			7	2		
9								1
		7	8			6		
	7				8			2
		6	1				3	
2			3	6		7	4	

5		8			2		7	9
	7					1		
			8	6				5
9			5			7		
7	5						6	8
		4			6			1
8				5	1			
		9					2	
2	3		6			8		4

				7			4	
		8	4				1	
	4		6	9				7
		9		5				8
4		3	7		8	9		1
1				3		7		
3				8	7		2	
	5				6	1		
	6			1				

8		6		1				
	2	1			6			
	3		4					
7	4	8	3	2			9	
		2				3		
	6			5	4	7	2	1
					9		7	
			2			1	6	
				7		2		8

	1		7				2	5
		6		1	5			
5				2				3
	6		1	4				
	8	3				1	5	
				5	2		3	
8				6				1
			5	9		2		
6	7				1		9	

			7	9			3	6
					4	1	9	2
2				6		7		
7						6		5
	5						2	
4		2						7
		4		7				9
5	8	7	4					
9	1			5	6			

3	9		8	7		2	4	
			4					9
		8					6	
1				6	5			
8			9	1	3			7
			2	8				6
	7					5		
5					2			
	8	2		5	7		1	4

					4	2		
		4	2	8			5	1
			5				4	
9	1	8			5			
2			9		7			4
			8			9	1	5
	2				8			
8	7			4	2	1		
		6	3					

8		2	9					7
4	7				2	1		
9			5	4	7	2		
						9		
5				2				1
		6						
		7	2	9	4			8
		4	6				7	2
2					1	4		9

	2		7				9	8
	4		2			3	6	
	3	9		1				
		4			2		3	
9								2
	8		3			6		
				8		9	7	
	9	1			7		8	
7	6				4		1	

	5		1		6			
		2	7	4			6	1
		4						
	8				4		2	5
	1	9				4	8	
2	4		5				3	
						2		
4	9			5	1	3		
			4		7		1	

		9			1	2	7	
	7						6	
8		3	7		6			
		5			9		3	4
	4						2	
2	9		4			5		
			9		8	6		2
	1						5	
	6	8	1			3		

	2	1			3		9	
9			5				2	
5		7	2	9				
3		5	1				7	
				8				
	9				7	1		5
				1	2	6		3
	7				6			4
	6		8			7	5	

	9		8	6	5	2		
		5		1	2		6	8
							4	
					8		5	6
		8				4		
4	5		9					
	8							
2	4		1	7		5		
		7	2	8	3		9	

6	4	9	1		5			
				2		9		
2				4	9	6	5	
4					7			
	1			6			8	
			2					3
	9	2	7	3				6
		4		5				
			4		6	5	2	9

		8			4	2		
1	2							
	9		1		2			
	1				5	4	8	7
7			4		8			2
8	4	3	7				5	
			6		1		3	
							4	5
		4	8			1		

				2		4		3
		4	9				7	
8					3			6
4				7		8		5
	5	8				3	1	
7		9		5				4
5			7					2
	8				4	7		
9		6		3				

8					5		7	
3					2			
	7	4	1		6	5		
	9		3			2	4	
7								9
	8	2			7		3	
		8	6		3	7	2	
			5					4
	2		8					6

	2	1				9	5	4
		5			3	7		
		8		9				
5	6				9			
2			1		6			8
			2				6	9
				6		4		
		6	9			8		
8	5	7				6	9	

	5		9					
1	9	2				5		6
8				5	3		1	
		9		3	8			
	4						2	
			7	4		6		
	8		3	7				1
7		6				8	9	5
					5		6	

				1			5	
	3	6	4			7		
8		5			7			
1			2	6		4	3	
	6						8	
	2	3		8	4			7
			5			3		6
		8			1	5	7	
	5			2				

7	8	4	5		2			
				4				
5	3	2						
8			1				5	
2		7	6		3	1		4
	5				8			7
						6	3	8
				3				
			8		5	7	4	1

1	6			3	8			
		7					3	
8			4	6		7		1
	1				4		8	7
6	7		5				4	
9		1		4	3			8
	4					9		
			9	1			2	4

3	4		2	1		8		
		2	8		4			1
	1			3			4	
2					3			
	6			2			3	
			1					9
	2			8			7	
9			6		1	5		
		8		7	2		9	4

	3			1				
1	9	2		6	3	7		5
6	5					3		
	6					4		
			2	7	6			
		3					9	
		9					8	4
8		6	9	4		2	3	1
				8			7	

		7			2		9	
		2		1			5	6
5					4			8
1			4					7
		8	1		7	3		
7					8			9
2			8					5
3	1			9		8		
	5		2			9		

3	4				1		8	
		7		8	9		1	
			7		4	6		
	7					1		5
	3						7	
8		4					2	
		2	1		3			
	1		8	7		2		
	5		9				3	1

	6		8		5	7		
	8	9		1				
		7						6
8	7			6	4	5		
			5		1			
		5	9	8			7	3
5						2		
				3		9	4	
		4	1		9		6	

			6		5	7		
5	3	7			4		9	2
					7	5		
4			5					6
	2						5	
7					3			8
		5	3					
3	4		7			2	6	1
		1	4		6			

8				4			5	
1		2	7		9			
						2	9	3
3						5	2	4
		5				9		
7	2	9						8
2	7	4						
			1		7	6		2
	1			8				9

	2			7		9		
		3				8		
	6			3	8			5
		4	8	9				1
3		2				6		9
9				2	1	3		
4			5	6			9	
		6				5		
		7		8			2	

	1			7	8	2	6	
		6					3	5
					6	8		1
6					5			
		4	2		3	1		
			7					2
4		5	6					
3	6					9		
	8	9	1	3			4	

	4			1	8			2
	9					8	7	
	5			7		9		1
3			4					
4			7	9	3			8
					1			9
9		8		2			6	
	7	5					8	
2			8	5			9	

3		1				8		9
7		8		3		2		
	2				1			
	7			6	9			4
			2	4	8			
6			7	1			8	
			1				3	
		6		5		7		8
9		5				6		1

		6		8				
	8		4	5	3		7	
3					6	4		
	2		9	1				
1		5		3		7		9
				7	5		2	
		3	5					7
	7		3	6	8		9	
				2		8		

9	2		6			1	5	
7					1			
		6	5		8			3
		5	7				1	
	8						3	
	6				3	4		
5			3		6	7		
			1					2
	7	1			2		9	6

8	7				6			
3			2		8	7	5	1
1				5		8		
	1				5			
5				6				8
			4				7	
		2		7				3
6	5	3	9		2			7
			5				6	2

			6			7	2	
	5				3		4	
	7	9		2				6
9			3		5			
5	3						7	2
			8		2			3
3				4		1	9	
	4		1				8	
	9	1			7			

				5	8	2	3	7
						1		
3				1				8
		2	7	4				
4		8	5	2	9	6		1
				6	3	4		
2				8				6
		1						
9	6	7	2	3				

1	3	9					6	
				6	1		8	
		8		9				7
3					2	5		
2		7		3		6		8
		6	4					3
9				4		8		
	4		1	5				
	6					7	5	4

	8	3	9					2
6					8			9
	9				4			
9	1			3		8		4
		2				3		
3		7		8			6	1
			8				1	
1			5					8
7					6	2	4	

	5		6			7		2
6					9			4
	2	4	1				8	
	3			7	8		4	
	6		9	1			7	
	8				6	1	5	
7			8					3
3		5			1		6	

		6			5		9	4
				8	4			6
5			6			3	8	2
	6				8		1	
				3				
	2		5				7	
8	3	7			6			1
1			8	7				
6	9		2			8		

8				5				
	7		3	6			5	8
	2		4			1		
	1			3	2			4
		7				3		
3			7	1			8	
		8			3		2	
7	6			2	8		4	
				4				9

	1	7		4		9		
4		2	9		5		8	
					7			3
2		9				8	3	
	3	6				7		5
6			8					
	2		6		4	5		8
		1		9		6	7	

						3		
4	1			6			5	
7		9	5				6	4
6				4			7	
9			2		7			3
	5			1				9
8	7				6	4		1
	9			2			3	8
		4						

2	8							
9		1				5		
		4	3		2	8		
		9		3	4			
1		2	5	9	8	4		3
			6	7		9		
		8	4		3	2		
		7				1		6
							5	8

	5			9	6	2		4
				2			9	1
						5		
7			2	5		4		8
	4			1			2	
5		2		6	4			7
		9						
3	8			4				
4		5	1	3			7	

			3	4	2		5	
			5	6	8		1	3
			9			4		
	4		7					8
	7			3			4	
5					9		3	
		2			5			
1	5		6	9	4			
	6		2	7	3			

1								5
	5	2	9		6		8	
	9			1		3		
9	6		7			4		
			8		2			
		3			4		5	8
		9		7			1	
	4		3		9	8	7	
7								3

Puzzle 1

8						1		
5	7	9				4		
				7		5		9
		5	3	2			4	
	9		7		8		2	
	2			1	6	9		
2		3	9					
		7				2	1	4
		1						8

Puzzle 2

	5			9	6	2		4
				2			9	1
						5		
7			2	5		4		8
	4			1			2	
5		2		6	4			7
		9						
3	8			4				
4		5	1	3			7	

Puzzle 3

1	6			3	8			
		7					3	
8			4	6		7		1
	1				4		8	7
6	7		5				4	
9		1		4	3			8
	4					9		
			9	1			2	4

Puzzle 4

		1	2	6		8		
	6	9		1	7			5
		3						
9		6		8			1	4
3	1			4		7		2
						5		
1			5	2		6	3	
		5		7	6	2		

	7	6			8			
3	1		4					
		4		3	9			
		7	6		1		9	2
		8				6		
6	3		2		5	8		
			9	5		4		
					4		5	3
			7			2	8	

7	6		8				4	
4		8	3			7		
2	9				1			
		7	2					1
1								7
5					7	4		
			1				6	4
		9			2	3		5
	4				6		7	2

	2		5				1	6
		1	2					
6				9		3		
		3			8		9	5
1	9			5			8	4
4	5		1			6		
		6		4				3
					5	9		
5	7				2		6	

4		9		1		8		3
					9	2	4	
								1
3	9		2	7	4	6		
				5				
		2	1	6	3		5	9
5								
	1	3	6					
9		8		2		1		7

Top-left puzzle

2							3	
		9	1	2		6		
		7	6	3				
	7		2					8
	8	4	3		1	2	7	
1					7		6	
			9	3		1		
		1	5	2		4		
	4							3

Top-right puzzle

9			2			1		
		6			8		3	9
	1				4			8
1					3	2	9	
		2				3		
	8	7	9					6
6			4				5	
2	5		6			9		
		1			9			2

Bottom-left puzzle

8								4
				1	7	2		
6			8	4		3	7	
2		8		3	9			
	6						8	
			4	8		1		3
	7	2		6	4			5
		3	5	9				
5								1

Bottom-right puzzle

		2				4		
	9	3				5		
	8		1					9
		7		4	8	9		2
	5		2		7		8	
2		8	5	9		6		
7				6			9	
		9				7	4	
		5				3		

	6	4	2					
		7		1		8		4
8		1					5	
4	8	5		6				
	7						6	
				2		9	7	5
	4					1		9
7		6		4		5		
					5	6	4	

	3	2	7			8	4	
		5			3			7
	9			4				3
				7	1	5		8
5		9	4	8				
2				9			1	
7			8			2		
	5	3			4	7	8	

					8	6	4	
8	4	2	3	6				
1		7					3	
	1			5	3			
	3						6	
			1	2			7	
	7					1		9
				7	5	4	2	6
	2	6	4					

		6			3		9	
5					1		3	
1				5				
	7				8		5	
8	5	1	3		4	6	7	9
	4		5				2	
				9				3
	8		4					2
	1		2			7		

	9		7	2				
	8		5	4		9		
2		1						
6	3		2		4			5
		4				3		
5			9		3		4	6
						5		8
		3		5	7		9	
				8	9		6	

	9		1	8	4			7
	6	1						4
			7			3		
	3			9		8		1
	8						5	
1		2		5			9	
		8			3			
6						2	3	
3			6	1	2		7	

7		3						
		4	6		3	2	9	
	6				2	7		
			3	9	1			5
		5				8		
2			8	4	5			
		2	5				7	
	7	1	4		9	5		
						9		3

1		3				9		
8	5						4	
	6		8		3			
		7		3	8		2	
	2		5		1		3	
	8		7	2		6		
			4		7		1	
	4						8	9
		8				4		5

			5					9
6	5					4		1
	8			2	4			7
5	7				8	2	4	
	3	6	7				9	8
8			6	9			3	
7		3					1	4
2					3			

4			5			3	1	
				1		5		
2		1			3	8		6
			8	9	2		5	
				5				
	2		4	3	6			
3		6	2			1		5
		7		8				
	9	2			5			7

		7				2		
		9	2		5			
		8	6	7		9		4
	1	5	8					6
8				3				9
9					1	7	8	
3		6		2	9	8		
			3		8	6		
		2				5		

2		5			1	4		3
6	4	8	3	2	5			
	6		2					7
		3				5		
5					8		6	
			7	1	4	8	3	2
4		1	8			9		5

		7	4		3	8		5
	5			8		4		
							2	
7	9		6			2		
3			2	4	5			9
		4			7		5	3
	6							
		2		1			9	
1		9	7		4	5		

					5	1	6	
						8		2
2		7				3		
	9		2	7	1		8	
8		1		4		2		9
	2		8	9	3		4	
		9				4		5
3		5						
	1	2	9					

	1						5	
	9		8	5			6	2
		2	1			7		3
		9			1		4	
		1				3		
	8		6			5		
9		6			7	8		
7	2			1	9		3	
	3						7	

				5	6			7
	4			9			5	
		3	2	7	4			8
					8		3	
		1	5		2	9		
	3		9					
6			7	8	3	2		
	7			1			4	
3			4	2				

			3					
	6			1		3	4	
	3			8	5	1	2	6
8	7				3			4
4			9				6	7
6	9	5	1	3			7	
	1	2		7			5	
					2			

				1			5	
	3	6	4			7		
8		5			7			
1			2	6		4	3	
	6						8	
	2	3		8	4			7
			5			3		6
		8			1	5	7	
	5			2				

6				2	4		8	
		3	7					
				3			4	9
		2		1			6	3
1	3						7	8
7	6			5		2		
9	5			8				
					1	8		
	4		2	7				6

					5			7
	9		8	7				4
		7		1	2		3	
6		1			8	7		
	2						8	
		8	5			2		6
	8		7	5		3		
2				8	4		6	
4			1					

Puzzle 1

	1		7				2	5
		6		1	5			
5				2				3
	6		1	4				
	8	3				1	5	
				5	2		3	
8				6				1
			5	9		2		
6	7				1		9	

Puzzle 2

9			5	3			7	
				2	6			9
						6	5	
		6		8				3
2	7	3				8	6	4
8				6		7		
	8	5						
7			6	1				
	1		5	2				6

Puzzle 3

	3		2			9	7	
					5	2	4	1
				4				3
1	5		6				9	2
7	4				2		3	8
8				9				
9	6	1	3					
	2	4			8		1	

Puzzle 4

1			3		9		7	
		3			5		9	
		4		8				
	4	2			1			5
9			2	5	8			7
5			6			2	1	
				1		3		
	6		8			7		
	8		5		2			1

8		6		1				
	2	1			6			
	3		4					
7	4	8	3	2			9	
		2				3		
	6			5	4	7	2	1
					9		7	
			2			1	6	
				7		2		8

	3	8			1			
4	7				5	6		
1			4					8
7	4							1
8		6				5		3
3							2	4
6					2			5
		7	6				8	9
			1			2	3	

4	5				2	1		7
3				7				
							4	5
8	6		9			7	2	
			6	4	7			
	4	7			8		9	6
6	7							
				6				2
9		8	7				5	1

5								
9			8	1	3		5	
	7				6		8	3
			6				1	
1		5	2		9	7		6
	9				5			
8	1		3				9	
	6		7	5	1			4
								1

Grid 1 (top-left):

	1		3	6		9		
			5		2			
		5	9					4
	7	8	2			4		1
	3						9	
5		4			3	7	6	
7					8	5		
			7		9			
		9		5	6		7	

Grid 2 (top-right):

				2	1	9	3	6
	9		3				1	
			6	8	9			7
7		4					5	
				5				
	5					7		3
3			5	9	4			
	2				8		6	
4	7	8	2	3				

Grid 3 (bottom-left):

7	4		6		3			
6			2			3	1	7
						8		
		6	9				2	8
	2						9	
8	9				2	4		
		2						
3	8	5			9			1
			5		6		8	3

Grid 4 (bottom-right):

			6		1		2	4
2			3					
			4	2			3	
	3	5	4					1
	8		9		3		5	
1				8		3	6	
	5		1	9				
				7				5
3	1		2		5			

		6		1	3	7		
			5				3	2
3			4		9	5	8	
		8						5
			9	4	8			
7						2		
	8	9	6		2			3
2	7				4			
		3	1	9		8		

	3				8		6	1
		2	1	7				
	8				3	9		
	4		8		7	2		
5								8
		8	6		1		9	
		6	3				4	
				9	6	5		
3	2		7				8	

		5	4		1	7	2	
4	7				3			
			6					
		6			4		8	1
		2	1		5	6		
1	4		3			9		
					6			
			5				7	3
	2	3	7		9	5		

		8		6				
3	5				7	8		
	2				3	6	7	
			4	3	1			
5	1						4	3
			2	7	5			
	8	5	7				3	
		9	3				1	6
				9		7		

			8	2		4	5	
			3					
	5			6	4		2	9
		1		8	6			5
		4				7		
8			4	9		1		
6	7		5	4			1	
					2			
	2	3		7	8			

					9			
5			2					8
8	6	4					9	7
	7	8	5					3
		5	3		8	9		
6					7	5	8	
7	2					4	3	6
4					2			1
			7					

		8		9		7		
	4			8		3		5
9		5					8	
			7		8		6	9
			4		1			
4	3		2		9			
	8					9		7
7		2		4			3	
		3		7		1		

		8	9			4	7	
2	5				4			
9	4				3			6
	8		7			5		
			3		6			
		3			1		9	
1			5				6	4
			6				2	5
	6	5			2	1		

7		3						
		4	6		3	2	9	
	6				2	7		
			3	9	1			5
		5				8		
2			8	4	5			
		2	5				7	
	7	1	4		9	5		
						9		3

9	2		6			1	5	
7					1			
		6	5		8			3
		5	7				1	
	8						3	
	6				3	4		
5			3		6	7		
			1					2
	7	1			2		9	6

			2				4	
1	3						8	
8				6	3	9		7
		4			6			5
		7	8		1	4		
2			3			7		
7		1	6	3				4
	9						3	6
	5				2			

4	3						2	5
		2	5			6		
			9		3			
		3		4	5			8
2		4				7		6
9			6	1		5		
			4		8			
		6			7	4		
8	4						5	7

	4			1				
			7		4	2	5	8
		5		9	8		4	
	2					5		7
		1				4		
6		7					8	
	7		4	5		8		
5	3	8	9		1			
				7			2	

	1			9		7		
			8					6
4			6		7	2		9
8		9				4	6	2
7	6	2				1		8
6		5	9		1			3
1					6			
		4		8			7	

8						9		
		5	9				3	
			3	4		8		1
		4	2					8
7	5		1		6		4	3
2					4	5		
5		2		1	3			
	4				7	3		
		3						5

3								2
		5	3		9			4
			2			1		
		4	5		8		1	7
7			1		4			9
1	8		6		3	4		
		8			6			
9			4		2	5		
4								6

	8		2		6			
	4	2			9	5		7
	6		3	7		8		
2		8						1
1						4		5
		3		2	8		4	
4		9	1			7	8	
			4		7		5	

		9	2			6		
5	1	8			4			
				3				5
	2	7			5			8
	8	5		1		9	4	
1			6			5	2	
4				9				
			5			4	3	9
		3			6	7		

		1			7		8	
						4		
					9	2	5	1
	5		1		2	6		3
	6		5		3		4	
2		3	6		4		1	
4	1	5	2					
		7						
	9		7			8		

	5		7		9			3
3	7	8						
		9			5			7
		2	6					9
6			9		4			8
5					7	3		
1			5			8		
						5	7	1
7			1		6		3	

	7		9	3	6	5		
			4		5			
9		8	1					
2		4			1	7		
	8						6	
		9	8			4		5
					3	2		7
			2		8			
		6	7	5	9		3	

							2	7
		1			3			5
	2		6	5	9	8		
				1	5		4	
		5	9	4	2	6		
	4		3	6				
		4	5	9	6		8	
9			4			1		
5	7							

		6					3	
			6		7	9		5
	7		8	9				1
		7	1			2	4	
6								9
	2	4			9	7		
3				7	8		9	
4		9	5		1			
	1					5		

			6			7	5	
2				7	3			
		7		5			9	
6	2		8				1	
3		4				9		6
	1				6		4	5
	9			6		5		
			5	2				9
	4	6			7			

					6	8		5
3			2		5	7		
	5	4					6	
4		1	6				8	
		7				6		
	3				9	4		7
	2					1	4	
		3	1		2			8
8		5	3					

		7			4		5	
4	3	5						6
6	9							
	2			6	3	7		
		1	5		7	6		
		6	4	8			3	
							1	3
8						4	7	5
	5		3			9		

1	8	3	4				5	6
6	9					7		
			8					
			9			3	4	
	4		5		2		6	
	3	8			4			
					5			
		6					2	5
2	5				1	4	7	3

	7	8		1				9
						7		
2			7		5		4	
	2		6		3	4		
	8		4		9		1	
		6	8		1		7	
	4		5		6			7
		7						
5				9		3	8	

					4	2		
							8	3
6	7	2			8		4	1
	8	9		1				
3	6						2	9
				2		6	1	
8	2		4			3	9	5
5	1							
		3	2					

	1				8			9
		4					6	
9		6		7				
1		2	4	6	9			8
			8		5			
5			7	1	3	6		2
				8		1		7
	2					5		
4			1				2	

3	2		7	4		8		
			9	8				3
					3	2		
		3					7	4
4		5				6		1
6	7					3		
		7	4					
1				5	9			
		6		7	1		5	9

		8				5		
6			7		5			3
	9		8	3	2			
		4		1				
3	8		4		7		5	1
				8		2		
			1	5	9		7	
8			3		4			5
		9				1		

	1		7				2	5
		6		1	5			
5				2				3
	6		1	4				
	8	3				1	5	
				5	2		3	
8				6				1
			5	9		2		
6	7				1		9	

9					7		6	
	7	3	8	6				
		5		2	3			
	5	1						7
3		9				4		1
7						2	9	
			6	3		9		
				4	8	3	7	
	3		7					4

				1		3		
6			4				7	
		8			3	2		4
9					2		1	
3		1	7		5	9		8
	8		1					3
5		3	8			4		
	6				4			7
		7		5				

8				1				3
	4			3		9		5
	7		2				4	
9				7			3	
	6		3		1		9	
	3			5				7
	8				3		5	
5		4		8			6	
3				2				1

6					9		7	4
			6			5		
			4	7			6	1
			7	1	6		9	
		9		5		4		
	8		2	9	4			
1	9			2	8			
		7			5			
8	5		9					2

		9		1				7
	8				7	5	9	
					6		8	1
4	2	5						
3	1						4	9
						1	5	2
9	7		3					
	5	1	6				3	
6				5		9		

4			5	2			6	
				9	6	4		1
			3			7		
		1			4			6
	3	6				8	1	
7			6			5		
		4			3			
8		3	2	6				
	5			8	9			7

7							4	2
	2			6		9		
	3	5			4	8		
5	8		1				9	
			6	5	9			
	7				8		5	1
		8	7			4	2	
		1		3			8	
2	4							3

		7	6	3		5	4	
				2	1	8		9
						3		
	2	5			4	6		7
8		4	5			9	1	
		8						
1		3	7	4				
	5	2		1	3	7		

		2			5	3		
	5		7			2	1	
	6			2	1		5	
9	4	1						
			2	4	8			
						4	7	3
	2		9	5			3	
	7	6			2		8	
		9	8			7		

		6	9		2			5
				1				
				6	8	3		9
4		1				9		6
	3		1	4	6		7	
6		7				4		1
2		9	8	5				
				3				
1			2		7	6		

		7	3	6		2	9	
9				2	8	3		1
	1	6		9				2
		8				1		
2				8		9	6	
7		2	8	3				9
	3	9		5	6	7		

3		4					7	
		8	1				4	
9	7				2	8		3
		6		4	5			
			2		7			
			9	1		3		
2		7	8				3	9
	4				9	7		
	9					6		1

			2		6			
	5			3	7	1	2	
	6			8				5
		8					4	7
6			3		8			9
1	7					8		
3				1			8	
	8	2	7	6			5	
			8		9			

	3	7	6			9	5	
	1		9			6		2
				4		8		
3					9			
7		9		8		2		3
			7					6
		2		1				
1		8			7		2	
	7	3			2	1	8	

5	7	9			3	1	4	2
					2	8		
			5	1				
	9	5						3
4								8
8						4	9	
				2	9			
		8	3					
9	2	1	8			7	3	5

	4	1			6			8
5					1		2	
		2		7				
4		5	3			9		
	3	7		9		1	5	
		9			4	2		3
				8		7		
	7		4					9
9			7			4	6	

								8
8			2	1		6		
	6		9	4			3	
			8	5	1	3	7	
	7						5	
	5	1	6	9	7			
	8			6	9		2	
		2		8	5			3
9								

		4	7	5				
	1			9	2			4
		5						
	9		6	2			4	8
4	2			8			6	1
8	7			3	1		9	
						8		
1			2	7			3	
				6	3	5		

9		1				3		7
			6		7			9
	8		3	9				6
	5	9			8	6		
		8	4			1	9	
8				3	5		7	
4			8		1			
3		5				8		1

		9		1	6	5		4
		4	7				9	
			9			6	1	
9					2		4	
		2		7		1		
	6		5					3
	2	3			5			
	9				7	4		
4		8	3	6		2		

	1							
	9			8	3		1	
			1	4	2			9
		5		6	9		8	
9		3				6		2
	6		5	2		3		
8			2	7	5			
	2		8	9			6	
							2	

						3		
4	1			6			5	
7		9	5				6	4
6				4			7	
9			2		7			3
	5			1				9
8	7				6	4		1
	9			2			3	8
		4						

			4				5	8
	3				7		9	
1						4		
		2	5		4		7	6
		4	6		2	5		
5	6		3		8	9		
		3						5
	5		2				3	
9	2				5			

3						6	2	
		6	3				8	9
	9		6		4			
	6	5		4				2
2								4
1				5		9	3	
			2		7		4	
4	3				8	2		
	7	2						8

	6					8		
9			2			7		
	1	7		9	8	3		2
			7	2	5			
3				8				9
			3	1	9			
5		1	8	3		9	4	
		9			2			3
		3					2	

3	2							9
					3			6
			1	2			8	4
	4		6	8				2
8		6		4		5		7
2				9	1		6	
4	3			5	6			
7			9					
9							4	5

		1	4				6	
6			3	9	1	2		5
	5			7				
		6		1			4	7
4	7			5		8		
				4			2	
7		2	1	3	9			4
	3				2	1		

9	5			1		8		3
				4				1
3			8		9			
	2				4			8
		1	2		7	4		
4			5				6	
			1		8			4
1				2				
8		5		7			3	2

5			1			6		
3	7				9			4
9	1				4		5	
		7	9					
		9	7		6	8		
					2	4		
	2		8				4	5
6			2				1	8
		1			5			2

	5		9		3		4	
					1	8	7	
4				7				3
7	2	9				6		
			7		2			
		1				5	2	7
2				5				9
	8	3	6					
	6		3		7		8	

			8	6		7	4	
					5			6
8						5		1
				1	7	8	6	
		1	2		8	4		
	5	8	6	9				
9		5						4
3			9					
	1	4		5	2			

	6	1		4		3		7
								2
	5	3		2			8	
6			8			4	9	
			3		5			
	7	2			4			5
	8			5		7	6	
5								
1		7		8		5	2	

4			1	5		3		
		6			9		5	
7					4	1		2
	2			6			3	
		4				5		
	3			1			4	
9		1	8					3
	4		7			6		
		7		2	3			9

4		6		2				9
	5	2	1					
		9			4	8		
	4		9	8	7			
9								4
			5	4	2		6	
		8	4			6		
					9	1	2	
3				7		4		8

		2		4	8			
	4				6		1	2
	6		1	7		8		
7	3					9		
	8						5	
		9					8	3
		4		3	7		9	
3	5		6				7	
			4	8		6		

	1				7			4
	2	4	6				8	
	8			3			1	
1	9				6	7		
		5		8		1		
		7	9				5	6
	5			4			7	
	3				9	5	6	
9			5				2	

					4	8		
5				3	1		9	
	1	3	7				5	6
	9			7	5			2
2			9	1			8	
9	5				7	1	4	
	4		1	6				7
		1	5					

		4	7	5			6	
5	7		1				8	
				4	2		1	
	6					5		3
		1				2		
7		3					4	
	9		6	2				
	4				3		2	7
	2			7	4	6		

			3	4	2		5	
			5	6	8		1	3
			9			4		
	4		7					8
	7			3			4	
5					9		3	
		2			5			
1	5		6	9	4			
	6		2	7	3			

		5	9		4			
9			2				3	4
3	4			6				
	9			8		2		
2		3				8		1
		8		2			9	
				7			8	2
8	1				2			9
			3		8	7		

		3				6	9	
7	2		6					
		9			5	2		7
1			3			7	4	
		5				1		
	4	7			2			6
8		6	2			9		
					9		6	8
	7	1				4		

	9	6		7	8			
	8			9			6	
				5	3			
	1	5					7	3
		8	9		1	4		
4	3					6	9	
			3	4				
	7			6			1	
			8	1		7	3	

8	5			6	1	9		
				4		6		8
					8		5	
4			8		2			3
	8						2	
6			7		5			4
	4		9					
5		2		8				
		8	6	5			7	1

Puzzle 1

	8	9		5				7
		7		6				
			9	3				4
		3	7			6	4	5
		6				9		
8	5	4			6	1		
1				7	3			
				1		2		
6				4		7	5	

Puzzle 2

		9		5				
	5	7	9					2
4		1	7			8		
		4	8	7	5		6	
	8		4	6	3	9		
		2			7	6		4
9					1	7	2	
				2		5		

Puzzle 3

			3		6		7	4
3	7	1				6		
5					8			
6		5		3			1	
			4		2			
	9			6		4		3
			7					2
		7				9	6	5
2	5		6		1			

Puzzle 4

	5		8				2	
				4				
8					2	3	6	4
9		7		5				
1		5	9		4	7		6
				7		5		9
6	8	4	7					1
				1				
	1				6		7	

	4				5	3		8
5				2				
	3	6	4			5	1	
2	5				6			
		3				6		
			9				8	1
	8	7			4	1	2	
				7				4
4		9	1				5	

2					1		7	4
6	1		5			2	3	
				9			6	5
		1		5				
			6		7			
				1		4		
1	8			3				
	2	4			6		5	3
5	3		7					1

9	3			5	2			
				1	3	9		6
			8				2	
		3				7		2
	4		1		6		3	
2		9				1		
	5				4			
4		1	3	8				
			2	7			5	4

	8		2	7			6	5
			8			3		
		2			6		8	9
	9	7					3	
2				8				6
	4					5	2	
3	7		4			2		
		9			5			
4	1			2	8		9	

Puzzle 1

```
. 8 . | . 4 2 | 5 9 .
. . . | 5 . . | . . .
1 . 5 | . 7 . | . . 4
------+-------+------
. 2 . | 8 . . | . . 7
. 6 . | 7 9 1 | . 5 .
9 . . | . . 5 | . 1 .
------+-------+------
8 . . | . 5 . | 2 . 9
. . . | . . 6 | . . .
. 3 9 | 2 1 . | . 4 .
```

Puzzle 2

```
. . . | . 3 8 | . 6 .
. . . | 7 6 . | . 3 1
9 . 3 | . . 1 | 8 . .
------+-------+------
4 1 . | . . . | . . .
6 2 . | . 7 . | . 4 8
. . . | . . . | . 2 5
------+-------+------
. . 6 | 1 . . | 7 . 4
5 7 . | . 8 4 | . . .
. . 4 | 3 9 . | . . .
```

Puzzle 3

```
. . 5 | 4 . 1 | 7 2 .
4 7 . | . . 3 | . . .
. . . | 6 . . | . . .
------+-------+------
. . 6 | . . 4 | . 8 1
. . 2 | 1 . 5 | 6 . .
1 4 . | 3 . . | 9 . .
------+-------+------
. . . | . . 6 | . . .
. . . | 5 . . | . 7 3
. 2 3 | 7 . 9 | 5 . .
```

Puzzle 4

```
2 . . | . 7 . | . 9 .
. . 6 | . 2 . | . 7 .
5 . . | . . 6 | 2 . .
------+-------+------
9 1 . | . . 2 | . 6 .
4 . 5 | . . . | 3 . 2
. 2 . | 5 . . | . 4 9
------+-------+------
. . 9 | 2 . . | . . 8
. 3 . | . 5 . | 7 . .
. 4 . | . 8 . | . . 1
```

			2	4				3
					8	9		
3			9		5	2	1	
		3			4	1	6	
9				2				7
	6	2	3			4		
	2	7	5		9			1
		5	6					
8				1	2			

1				3		4	6	5
					9			2
	8		5	2				
5					4	2	7	
2				7				3
	6	7	2					4
				4	5		9	
9			7					
7	5	4		9				1

8		2	7			3		
		5	4					
	1					2		5
7			5			4	2	
9			2		4			1
	2	4			1			7
1		9					6	
					3	9		
		8			9	1		4

7	2	3	8					
	5	9		2				
	1			7				
		7			5		3	4
1		5				7		9
2	9		7			5		
				5			9	
				4		1	6	
					1	3	7	5

	6	5	7					
4			1		2		3	6
						7		
3	1		6			5		7
		4				1		
6		8			1		4	3
		1						
2	4		8		6			5
					5	3	2	

				4	9	2	7	1
3	7							5
						6	3	
6			9	8			1	
		8				9		
	9			5	7			6
	1	7						
9							6	2
8	6	5	1	2				

			3	9		1		
	8				5			9
				8	6	3		
		3	9		1		2	4
	9						1	
1	4		2		8	5		
		2	5	1				
5			8				7	
		8		2	4			

4				3		7		6
			4	6	2			
							8	
	9	3	1			2	7	8
6				2				1
7	2	1			9	6	3	
	5							
			6	5	1			
1		9		7				3

		1	7			9		
					6	1		
5		2		4				8
	4		1	9		5		
9			6	8	7			4
		8		5	4		9	
2				6		8		3
		6	8					
		4			5	7		

	8	3	9					2
6					8			9
	9				4			
9	1			3		8		4
		2				3		
3		7		8			6	1
			8				1	
1			5					8
7					6	2	4	

				7				
	5				3			4
6		4	8					
1	7	3		8	2	9		
5			4		9			7
		9	3	5		8	2	1
					8	7		2
8			7				5	
				4				

	8	7			5		3	
5					8	7		2
	6				7			4
3					9	6		
	9						1	
		6	3					9
9			8				2	
6		8	5					7
	3		2			5	8	

	6	4	2					
		7		1		8		4
8		1					5	
4	8	5		6				
	7						6	
				2		9	7	5
	4					1		9
7		6		4		5		
					5	6	4	

	7	6					2	9
			2		3			8
	8		9			5		
	5			2		4		
		7	1		4	8		
		4		9			7	
		8			2		5	
1			4		9			
7	3					9	1	

	9	3						7
	6		3	2			8	
8	2		7				1	5
			2					
	8		4	3	1		5	
					6			
2	5				3		4	6
	1			4	8		3	
3						5	7	

	9	3		4				1
				3		8	4	
		4	9					7
		6	2				1	
	5	9		1		2	7	
	1				3	4		
8					5	1		
	4	7		6				
9				8		7	6	

4						9		3
		2			3		1	6
	7		6		9		2	
8	9	3						
		7		4		8		
						3	7	1
	3		7		2		4	
1	4		5			2		
7		8						5

					5	2		
	4		7		2		1	
2		6		9				5
	1	5				3		
9	2			5			7	1
		7				5	8	
3				1		9		4
	9		3		8		5	
		1	9					

	6	4		8		7	1	
7					6			
5			7		1			
8	4					2		3
	2			3			4	
1		3					8	7
			9		4			1
			6					2
	7	1		2		9	3	

3	2		7	4		8		
			9	8				3
					3	2		
		3					7	4
4		5				6		1
6	7					3		
		7	4					
1				5	9			
		6		7	1		5	9

	9	6			2	8		
2			8					
8					4	6		2
		2				5		7
	6	4				9	2	
7		8				4		
6		7	9					4
					8			5
		5	3			7	9	

2			9			4		6
	3	4	5					
7		8			3			
	4		7			3		
3			1	5	4			9
		7			9		2	
			3			2		7
					5	9	4	
4		1			7			3

					4	6	7	8
			9					4
		7			6	1	9	
	9	8	7	6				2
6				3	2	9	1	
	8	2	6			7		
7					3			
9	5	6	4					

		3		4	2		5	1
7		8	9					
			3		1			
3			1				9	
	5	7				3	2	
	8				3			5
			5		4			
					9	6		7
8	4		6	3		5		

	4	7			9			
		2			3	7	9	1
9	1	6					4	7
4			9		7			2
7	2					9	6	8
3	7	4	2			1		
			5			6	2	

	6	9						
8		4		6		9		
1	3	5			4			6
	8				3	2		4
				5				
9		3	2				5	
3			7			4	2	9
		1		3		5		7
						1	6	

	5		3			6		
6					9		2	
1		9	8	6				
4				7				2
	6	5		3		1	4	
9				5				3
				1	6	9		5
	9		4					6
		6			3		8	

5	7	9			3	1	4	2
					2	8		
			5	1				
	9	5						3
4								8
8						4	9	
				2	9			
		8	3					
9	2	1	8			7	3	5

		9			1			
8		4	3		7			5
	3				4			6
			1	7			9	
4		2		5		7		8
	7			4	8			
3			7				2	
6			4		2	5		7
			8			1		

		9			1	2	7	
	7						6	
8		3	7		6			
		5			9		3	4
	4						2	
2	9		4			5		
			9		8	6		2
	1						5	
	6	8	1			3		

3	2		5				1	
	4			8		3	9	5
2	5	1	7			4	6	
	3	6			9	8	7	1
7	1	2		4			3	
	9				6		4	2

					5	7	6	
					1	2		5
	5	3		7		4		1
	2	6	9		8			
			6		3	8	1	
1		5		4		3	2	
7		2	1					
	3	4	5					

7				3			2	
	8	9						1
2			5	7			4	6
9		8			5			
			2		3			
			7			1		3
8	4			6	2			9
1						6	3	
	9			5				2

4	6						8	
	1		8		9			
		8	5		7			6
7					1		5	8
		9				7		
8	5		7					3
2			1		3	8		
			6		4		7	
	7						6	1

				1	2		4	5
		5						1
4	8						9	
	4		9	5	1	3		
		8				4		
		2	4	8	7		6	
	5						8	6
1						7		
8	2		7	3				

			1					
				7		4		3
	8	9		3	2		7	
	4			1	7	3		5
		5				7		
7		3	9	5			1	
	7		2	4		9	6	
2		4		6				
					8			

			8	1		4		
				7			9	8
			2	9			5	3
		7	6					9
3			1		4			5
6				3		8		
8	1			4	2			
7	6			1				
		2	6	5				

	4			1				
			7		4	2	5	8
		5		9	8		4	
	2					5		7
		1				4		
6		7					8	
	7		4	5		8		
5	3	8	9		1			
				7			2	

		1		2		9		
9				4			2	
	2			9	8		5	1
	1	7						
4			7		6			9
						6	1	
1	3		8	7			6	
	7			5				4
		5		6		3		

		8	5	7		2		
	2		8		9			5
		1		2			8	
		7	1				3	6
6	9				7	4		
	7			4		5		
4			7		5		9	
		2		9	1	8		

1		7			9			5
5						3		
4	9	2	3					
	7			8	1	2		
2								1
		4	6	2			3	
					4	7	5	3
		1						2
7			9			8		4

		7		6		4		
				9	3		5	8
3	9							
4	2				9		7	1
		5				3		
9	7		4				2	6
							1	5
6	4		5	7				
		9		8		7		

3		4					7	
		8	1				4	
9	7				2	8		3
		6		4	5			
			2		7			
			9	1		3		
2		7	8				3	9
	4				9	7		
	9					6		1

		9		1	6	5		4
		4	7				9	
			9			6	1	
9					2		4	
		2		7		1		
	6		5					3
	2	3			5			
	9				7	4		
4		8	3	6		2		

				3	7	1	2	5
5						9	3	
			2					
		6			4		5	
1		5	8		2	4		3
	4		1			6		
					6			
	5	7						9
9	6	8	5	2				

7	5					8		9
		6		9		7		
				4			5	3
		8	6					5
	2	1				4	3	
3					4	9		
2	8			7				
		7		6		5		
5		3					7	4

			3					5
3	6						1	
				1	4			
6					2	3	8	
1	7	3	8	4	5	6	2	9
	2	8	6					7
			9	8				
	5						9	3
8					7			

9			2			1		
		6			8		3	9
	1				4			8
1					3	2	9	
		2				3		
	8	7	9					6
6			4				5	
2	5		6			9		
		1			9			2

	2			8		6		
7					9	8		
		9		7				1
6		8	3					
5	1	3				4	7	6
					6	5		3
2				3		9		
		7	8					5
		6		9			4	

			9			8		4
		3				7		
4	8		7	1		3	5	
		5	6					
9	4						2	6
					1	9		
	9	1		2	4		8	7
		8				2		
2		4			5			

	9		7		6	4		2
			1					7
5				2				
	6	9	5	1				
		3	4		9	5		
				3	2	7	9	
				4				5
6					3			
8		1	2		5		4	

				7	5	8		
7	1		3				9	
6			9			4		7
	2				7			9
		6				7		
9			5				8	
2		4			6			5
	6				4		2	1
		7	2	5				

8			4		7		1	
	1		2					
3		6			8			2
6		8				4		
	3	2				1	8	
		4				3		6
2			7			9		1
					9		5	
	8		3		5			4

8					4	2	6	
		6	8		3		9	
		1			9		3	8
4		2					1	
	1					5		3
2	7		6			3		
	6		4		1	9		
	9	5	7					6

1	8	3	4				5	6
6	9					7		
			8					
			9			3	4	
	4		5		2		6	
	3	8			4			
					5			
		6					2	5
2	5				1	4	7	3

			8	2		4	5	
			3					
	5			6	4		2	9
		1		8	6			5
		4				7		
8			4	9		1		
6	7		5	4			1	
					2			
	2	3		7	8			

				4			9	8
		6	9					
8			7		5	2	6	
		5	8		3			2
	1						5	
2			4		1	8		
	8	3	5		7			1
					4	3		
1	5			9				

				1		4		
	7	9	6		4	3	1	
			3				6	
		2			7	6	9	5
9	6	8	1			7		
	9				8			
	8	5	4		9	1	7	
		4		6				

			5		2		6	
	4	6		9				3
	5		6	4			9	
	9		8			4		
4				2				7
		2			1		3	
	2			5	9		7	
5				8		3	4	
	8		3		4			

	3			6				4
6				5	1	7		
	2						5	
			6	1	8		4	2
	8						9	
2	1		7	9	4			
	4						8	
		3	1	4				5
9				8			7	

	6	1		4		3		7
								2
	5	3		2			8	
6			8			4	9	
			3		5			
	7	2			4			5
	8			5		7	6	
5								
1		7		8		5	2	

		4		8		7	1	
7		1			4		5	
	8		7	9				
2	6		4			1		
		8			9		3	7
				4	7		2	
	4		6			9		8
	7	9		3		4		

2					7			5
1					4		7	
			5	2		3		6
			2	6			5	
6		2				4		8
	7			8	3			
9		6		4	2			
	2		9					1
3			1					4

	2		7					8
6		9		1				
	1				8		4	
		2	3	6			8	
4	3						6	5
	6			8	4	3		
	4		6				1	
				4		8		3
1					2		5	

		3			4		6	
5			8					2
	2			1	5	7	8	
					1		9	8
		1				5		
6	9		2					
	6	4	5	8			1	
1					9			6
	8		1			3		

	9			4	5	8		
3			8					
		8	9		7	5	2	
6				1				8
		1				3		
4				9				5
	6	4	2		3	7		
					9			3
		3	6	5			8	

6				5			1	2
			4		2		5	6
			1		6			8
	3				8		7	
9								4
	6		5				2	
4			9		5			
2	7		8		3			
3	5			6				7

		8			4	2		
1	2							
	9		1		2			
	1				5	4	8	7
7			4		8			2
8	4	3	7				5	
			6		1		3	
							4	5
		4	8			1		

www.ingramcontent.com/pod-product-compliance
Lightning Source LLC
Chambersburg PA
CBHW081614220526
45468CB00010B/2868